藤 编 小 饰 物

〔日〕堀川波 著

邓怡悦 译

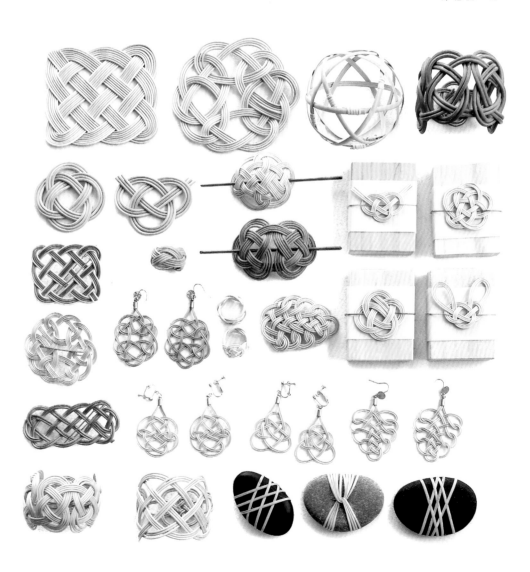

河南科学技术出版社

· 郑州 ·

目　录

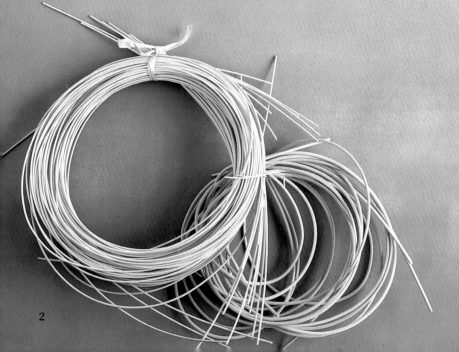

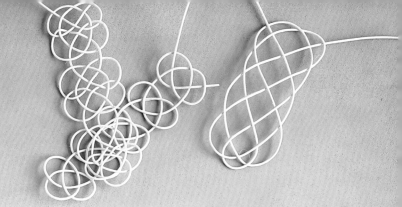

前　言

在某珠宝品牌处学习时，曾有一个关于藤艺饰品的课题，我与藤编工艺便是在那时结缘的。虽然以前对藤艺有些了解，但那却是我第一次实际接触藤编工艺的原材料，不知为何有种非常熟悉的感觉。手工艺品的温度、如同解谜一般编出网眼时的欣喜，无一不让人陶醉。我总是倾向于寻觅自己所热爱的事物，沉浸在其所带来的幸福感中。被铺满整个客厅的藤条包围着，人也变得勤快了起来。没过多久，我便萌生了制作专属于我自己的饰品和小物件的想法，去做那种独特的、自然的结饰。

自古流传下来的"结饰"使一些无形的东西产生联系，连接人与人之间的缘分，维系心与心之间的感情。"结"蕴含着净化事物、驱除邪气的力量，很是吉利。

本书介绍的是，在古老的绳编法的基础上，我摸索出的一套藤编饰品和小物件的制作方法。

迄今为止，我与许多人结下缘分，在这种无形纽带的指引下才有了今天的一切。想到这里，我心中满是感激，佩戴着自己亲手做成的结饰时心中也更加欢喜。

万事开头难。最开始的时候我也毫无头绪，失败是常有的事。但是，当双手熟悉了藤条后，就能将它们"连接"了。

堀川波

10 种基本结饰

树叶结

看起来像一片树叶，很美的形状。

油菜花结

把双钱结的两端团起固定，做成 4 朵花瓣的形状，造型简单又可爱。

双钱结

古老的绳结样式，把两端拉紧，就能打成结实的结，因此有"结缘"之意。

龟背结

因形似龟甲而得名。藤条在一定的拉伸状态下，也可以呈现出花朵形状。

笼目结

外形如同竹笼的网目。

平梅结

形状似梅花。5 朵花瓣紧紧地结合在一起，寓意着人与人之间的羁绊和缘分。

方形结

源自水手绳编防滑垫的样式。

发饰结

一种传统绳编样式，常用于婚庆等喜庆场合的装饰。

袈裟结

又称修多罗结，常用于僧侣的挂饰，纹样较复杂。

星星编

以一笔连成的五角星形为基本单元创作而成。俗称藤编球。

❁ 耳饰

在耳边轻轻摇摆

佩戴舒适、轻便。
耳饰随着脚步在耳边摇摆，引人注目。

用各种各样的结编法创作

只需编出各种结饰，再安上金属
配件制成耳夹或耳钉。试着变换
结饰的大小和颜色，尽情享受吧。

龟背结

做法→ p.62

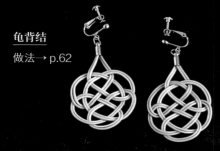

袈裟结的变形

做法→ p.52

平梅结

做法→ p.55

袈裟结

做法→ p.52

油菜花结的变形

做法→ p.49

树叶结

做法→ p.57

用咖啡染成雅致的颜色

通过减少网眼的数量来实现袈裟结的变形。用咖啡和媒染剂浸泡染色后，散发出沉稳的气息。

袈裟结的变形

做法→p.52

藤条本身的颜色，非常自然

树叶纹样的结饰，保留大自然原
本的颜色。搭配上自己喜欢的衣
服，让它随风飘舞。

树叶结

做法→ p.57

戒指

龟背结

做法→ p.63

油菜花结

做法→ p.78

笼目结

做法→ p.59

3 种编法

横向延伸编织结饰，撑开网眼，
做成手指粗细的圈口。用粗藤可
以打造戒指的存在感，用细藤则
强调的是纤细感。

搭配手镯

戒指和手镯的搭配非常协调。你
一定会想和朋友们分享自己亲手
做的结饰，并介绍它们的由来。

戴在不同的手指上试试看

戒指的尺寸可以通过改变网眼的
大小来调整。编成适合自己手指
的尺寸吧。

手镯

适合朴素风格的衣服

既清爽又不乏存在感的时尚手
镯。非常轻便，长时间佩戴也
不会感到不适。

在寒冷的季节里搭配毛衣

藤编饰品在秋冬也很常见。可以让厚
重的秋冬衣物产生轻柔感。

用不同的颜色营造不同的氛围

这里介绍四种纹样的结饰。用咖啡、红茶染成雅致的色调，调整藤条的粗细来制造视觉冲击感。

星星编
做法→ p.70

连续龟背结
做法→ p.63

连续双钱结的变形
做法→ p.72

发饰结
做法→ p.67

连续双钱结
做法→ p.72

发卡、发绳、发簪、插梳

多个发绳结饰叠加

同时系上多个发绳结饰，非常可爱，稍微改变花朵的朝向，提升趣味性。

用应季的花来装扮

春天用春天的花，夏天用夏天的花……
通过手工胸针品味四季。

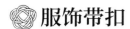 **服饰带扣**

点缀服饰的带扣

将束紧用的细绦带穿过纹样，这样做出的带
扣，凛冽中又透露出一丝温和。

平梅结

做法→ p.55

吉利的纹样居中放置

结饰被认为是可以使人与人相
"联结"的吉祥之物。佩戴在腰间，
让人过目难忘。

油菜花结
做法→ p.50

连续双钱结
做法→ p.47

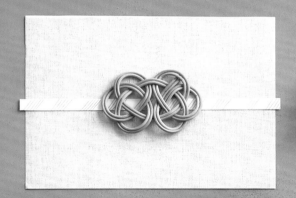

双钱结
做法→ p.46

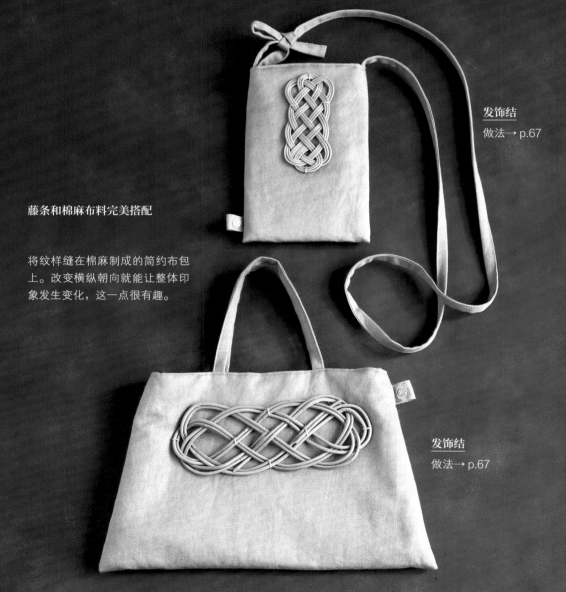

小挎包和手提包

发饰结
做法→ p.67

藤条和棉麻布料完美搭配

将纹样缝在棉麻制成的简约布包上。改变横纵朝向就能让整体印象发生变化，这一点很有趣。

发饰结
做法→ p.67

适合休闲穿搭

小挎包和手提包可以搭配日常穿着，比如自己喜欢的连衣裙或牛仔裤。

23

项链

安上小毛球

在简约的方形结纹样中加入银色
软线和毛球，制成可爱的项链。
冬天还可以用来搭配毛衣。

方形结
做法→ p.65

✺ 餐垫

来一盘精致早餐

藤艺餐垫让餐桌充满手工艺品的
温度。用得越久，颜色越深，气
氛也愈加浓烈。

发饰结
做法→ p.68

每人一个餐垫

质朴淡雅的杯垫与重彩的杯子相
得益彰。还可以在咖啡壶的把手
上绕上藤条。（绕法参考 p.71）

方形结
做法 → p.65

杯垫和碗垫

放上热气腾腾的茶壶

藤艺餐垫与日式餐桌也很相称。
冷水壶和热水壶都能放在上面，
泡茶的时候一定很方便吧。

方形结
做法 → p.65

被藤条包围的祥和时光

编出一个、两个……数量渐渐增加。
不试试用藤编小饰物来装点自然生
活吗?

针插

放上填充了棉花的球形布

咖啡和媒染剂浸染而成的棕褐色纹样，在上面放上用碎布制成的插针包。很适合作为礼物送给朋友。

笼目结

做法→ p.60

◉ 香氛

树叶结
做法→ p.57

袈裟结
做法→ p.52

插入香薰瓶中，
香味顺着藤条散发出来……

把两端留长，插进香薰瓶。将其中
一端移出液体，香味也会更浓郁。

花环装饰

让藤编花朵绽放

用绿植做成的植物花环是最自然
的室内装饰。图中植物花环是用
大王桂、尤加利做成的。

油菜花结	笼目结
做法→ p.50	做法→ p.60

❀ 吊花装饰

用大的纹样作点缀

这种壁饰可以一直挂到绿叶变干为
止，可供观赏的时间较长。植物是
菲油果、澳洲迷迭香、尤加利。

袈裟结

做法→ p.53

🎀 礼物盒

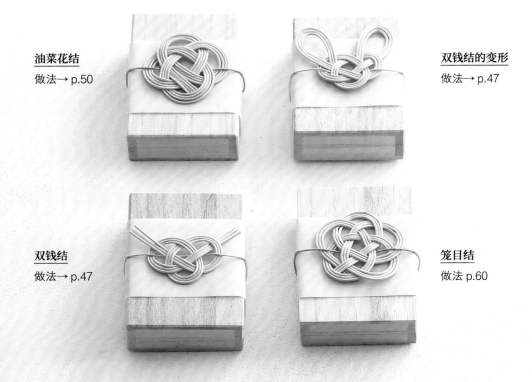

油菜花结
做法→ p.50

双钱结的变形
做法→ p.47

双钱结
做法→ p.47

笼目结
做法 p.60

用结饰代替丝带

无须言语就能传达感情的礼物。
连同纹样所蕴含的美好祝愿一起
送上吧。编成与礼物盒相称的大
小即可。

礼金袋

平梅结
做法→ p.55

袈裟结
做法→ p.53

方形结
做法→ p.65

双钱结
做法→ p.47

装饰上小树枝和小果实

用花纸绳装饰的礼金袋给人一种
和风印象，用藤条装饰则给人一
种特别的时尚感。再用纸亲手折
一个袋子，表达一下心意吧！

🌸 花瓶装饰

星星编
做法→ p.70

和红色的果实一起挂在枝条上

在丝柏等针叶树的枝条上挂上星
星编，再配上红色果实，可以装
点温馨的房间。

也可以在星星编纹样中
放上小玻璃杯，当作花
瓶装饰使用。

一圈圈地绕

把藤皮缠绕在玻璃瓶上，给花瓶添加自然的色彩。这比编制结饰要简单得多。

杂货的缠绕装饰

做法→ p.71

◉ 厨具

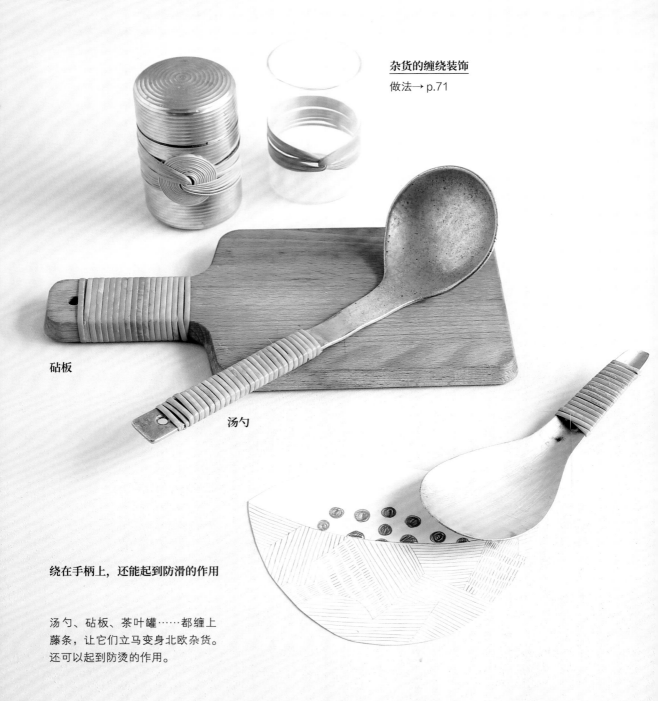

杂货的缠绕装饰

做法→ p.71

砧板

汤勺

绕在手柄上，还能起到防滑的作用

汤勺、砧板、茶叶罐……都缠上藤条，让它们立马变身北欧杂货。还可以起到防烫的作用。

◉ 镇纸

杂货的缠绕装饰

做法→ p.71

可爱的造型

如同工艺品一般的石头镇纸。被
藤条交错缠绕，营造出美好宁静
的氛围。

星星编

双钱结

龟背结

平梅结

制作教程

本书将对 10 种基本结的编法、作品的预先准备、处理藤条的要领、收尾方法进行说明。

油菜花结

袈裟结

树叶结

笼目结

发饰结

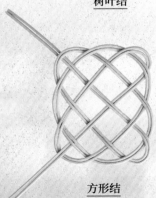

方形结

藤编材料的种类

藤条作为天然编织材料，常用于制作家具和生活用具，自古以来就深受人们喜爱。

它多生长于东南亚等地的热带、亚热带森林中。

本书将针对不同作品，选用粗细、宽度合适的藤编材料展开教学。

❀ 藤芯

藤条去除表皮后的部分，横截面呈圆形。

❀ 藤皮

藤条的表皮部分，表面是平的。

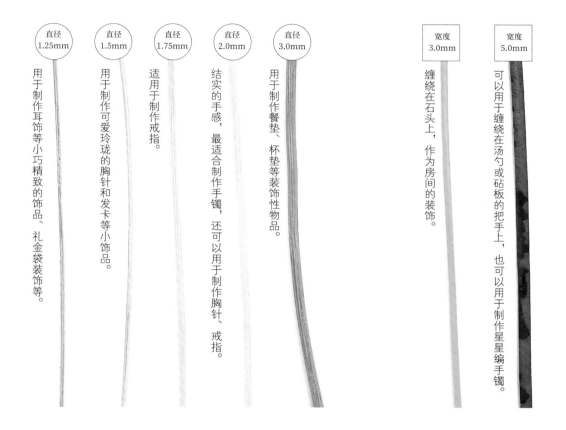

直径 1.25mm — 用于制作耳饰等小巧精致的饰品、礼金袋装饰等。

直径 1.5mm — 用于制作可爱玲珑的胸针和发卡等小饰品。

直径 1.75mm — 适用于制作戒指。

直径 2.0mm — 结实的手感，最适合制作手镯，还可以用于制作胸针、戒指。

直径 3.0mm — 用于制作餐垫、杯垫等装饰性物品。

宽度 3.0mm — 缠绕在石头上，作为房间的装饰。

宽度 5.0mm — 可以用于缠绕在汤勺或砧板的把手上，也可以用于制作星星编手镯。

藤条质地坚韧，色泽光润，手感平滑，弹性极佳。

藤芯和藤皮作为编织材料比较容易上手，编制作品的过程充满乐趣。

工具和配件

下面是编制作品所需的工具和配件。饰品的配件不一定要完全一致，选用适合的尺寸和颜色即可。

❖工具

砂纸

用于编制之前抛光藤条，让藤条表面变得有光泽。书中使用的是中目数和低目数两种类型的砂纸。

尖嘴钳

拉紧细网眼或粘金属（饰品配件）时使用。

剪刀

用于剪断藤条。

喷雾瓶

用于编制前软化藤条。编制途中藤条变干的话，也可以用喷雾瓶给藤条喷雾加湿。

黏合剂

可用于金属的多用途黏合剂。

油

用于涂在完成的藤饰表面，提高光泽度。干性油（葵花籽油、红花油、亚麻籽油、苏子油等）比较合适。半干性油（芝麻油、玉米油等）和不干性油（橄榄油、山茶油等）则不合适。

夹子

制作途中用于固定藤条。

✿配件

耳夹（耳钉）

直接安装在藤饰纹样上。选择喜欢的样式即可。

金属帽

用于耳饰的收尾。把藤条插进圆筒里，用于连接纹样与耳饰配件。本书所使用的金属帽内径为 3.0mm。

连接环

用于耳饰的收尾。连接金属帽和耳饰配件。本书所使用的连接环内径为 4.0mm。

小配饰

根据个人喜好选择。

钢丝

制作耳饰时，用于捆绑藤条。

胸针扣

固定在藤饰纹样的背面。

C 形环和橡皮圈

用于发绳的收尾。本书使用的是直径约为 4.0mm 的 C 形环。

发簪棒

穿过纹样，固定头发。

插梳

固定在纹样的背面。

发卡配件

固定在纹样的背面。

工序流程

以下为本书所有作品的通用工序。

⚛ 准备工作

抛光藤条

抛光藤条的目的是使藤条表面变得光滑，显现出光泽。首先用中目数的砂纸整体打磨，去除较大的毛刺，再用低目数的砂纸抛光一次。

浸泡藤条

编制之前须将藤条浸泡于足量的水里，静置 20 分钟左右，使其变得柔软。软化后的藤条可以自由地弯曲拉伸，有更好的手感。

⚛ 编制

比照实物尺寸照片

编制过程中可比照实物尺寸图片，将图片复印下来，根据制作步骤编制，会容易很多。这样就不用考虑尺寸问题，还可以高度还原曲线弧度。

用喷雾加湿

编制途中藤条变干发硬的话，可以用喷雾加湿，或者直接在水里浸泡一段时间，使其变软。

整理网眼

如果觉得网眼不整齐的话，可以用锥子等尖头的工具来调整网眼，排齐藤条。

✿ 服饰带扣（连续双钱结）作品→p.21

实物尺寸
正面

第2圈
第1圈

背面

材料：直径 2.0mm 的藤芯（ 2 条编，第一圈 70cm，第 2 圈 75cm ）

成品外径尺寸：约 8.5cm×5.5cm

编 2 圈连续双钱结。编制好后用红茶染色，使用时将束紧用的细绦带穿过网眼。

末端穿过网眼，进行固定。剪去正面看得见的多余部分。

✿ 礼物盒 作品→p.32

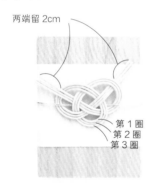

两端留 2cm

第 1 圈
第 2 圈
第 3 圈

材料：直径 1.25mm 的 藤 芯（ 3 条编，第 1 圈 30cm，第 2 圈起每增加 1 圈多 3cm ），以及盒子、纸、绳子

成品尺寸：纹样主体约 4.5cm×3cm

编制 3 圈双钱结。两端留 2cm，营造氛围。用绳子穿过网眼，将纹样固定在包好纸的礼物盒上。

✿ 礼物盒 作品→p.32

两端预留 6cm，做成圆环

第 1 圈
第 2 圈
第 3 圈

末端插在背面

材料：直径 1.25mm 的 藤 芯（ 3 条编，第 1 圈 35cm，第 2 圈起每增加 1 圈多 3cm ），以及盒子、纸、绳子

成品尺寸：纹样主体约 4.5cm×3cm

编制 3 圈双钱结。两端预留部分团成一个圆圈，做成兔耳状。用绳子穿过网眼，将纹样固定在包好纸的礼物盒上。

✿ 礼金袋 作品→p.33

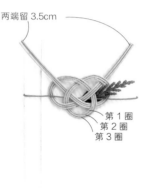

两端留 3.5cm

第 1 圈
第 2 圈
第 3 圈

材料：直径 1.25mm 的 藤 芯（ 3 条编，第 1 圈 35cm，第 2 圈起每增加 1 圈多 3cm ），以及礼金袋、绳子、树叶

成品尺寸：纹样主体约 5cm×3cm

编制 3 圈双钱结。两端留 3.5cm，营造氛围。用绳子穿过网眼将纹样固定在礼金袋上，再用树叶装饰。

* 双钱结手镯的制作方法参照 p.72~76。

油菜花结

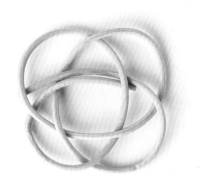

油菜花结的做法

油菜花结形似花朵。在双钱结的基础
上可轻松完成。

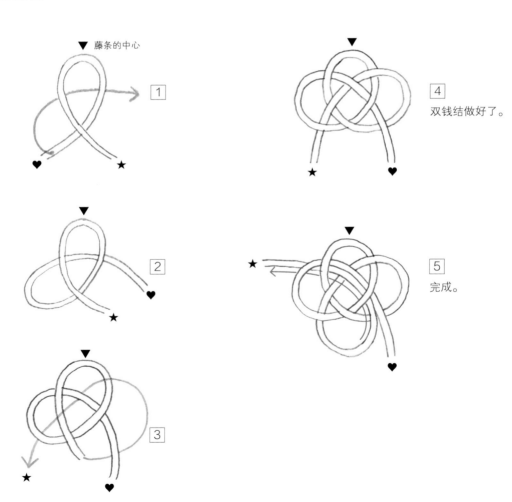

▼ 藤条的中心

1

2

3

4

双钱结做好了。

5

完成。

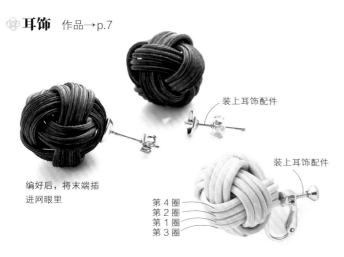

🌸 耳饰 作品→p.7

材料：直径 1.5mm 的黑色藤芯（单条编，95cm），直径 2.0mm 的素色藤芯（单条编，100cm），耳饰配件

成品外径尺寸：黑色直径约 1cm，素色直径约 1.5cm

编好后，将末端插进网眼里

装上耳饰配件

装上耳饰配件

第 4 圈
第 2 圈
第 1 圈
第 3 圈

两种颜色的藤饰制作工序相同。用 1 根藤条编 4 圈油菜花结，做成小球状。由于网眼比较小，第 1 圈需要从藤条的中心位置开始编，第 2 圈起一侧沿外圈编，另一侧沿内圈编，这样编起来比较方便。黑色耳饰，编制好后用咖啡和媒染剂染色，晾干后装上金属耳饰配件。

● 第 1 圈的编法

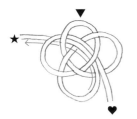

编得小一点，直径约 2.5cm。

● 编成球形的技巧

第 2 圈穿过网眼编制。

第 2 圈之后也需要一边编一边调整形状。

🌸 胸针 作品→p.18

第 1 圈
第 2 圈
第 3 圈
第 4 圈
第 5 圈

实物尺寸
正面

材料：直径 2.0mm 的藤芯（单条编，240cm），胸针扣

成品外径尺寸：约 7.5cm×6cm

编制 5 圈油菜花结。开始编制时，从一端开始约 50cm 处对准 p.48 图 1 中的 ▼。第 2 圈起把剩余藤条中较长的一端沿外圈编制。编制好后用咖啡染色，然后在背面的网眼中装上胸针扣，完成。

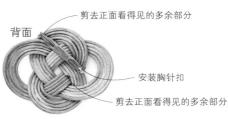

剪去正面看得见的多余部分

背面

安装胸针扣

剪去正面看得见的多余部分

❀ 服饰带扣 作品→p.21

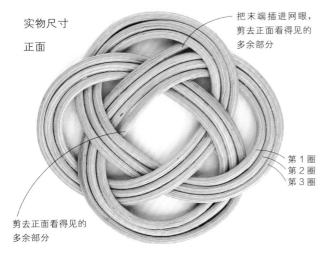

实物尺寸
正面

把末端插进网眼，
剪去正面看得见的
多余部分

第 1 圈
第 2 圈
第 3 圈

剪去正面看得见的
多余部分

材料：直径 2.0mm 的藤芯（单条编，150cm）

成品外径尺寸：约 6.5cm

编制 3 圈油菜花结。开始编制时，从一端开始约
50cm 处对准 p.48 图 1 中的 ▼。第 2 圈起把剩余
藤条中较长的一端沿外圈编制。编制好后用红茶
染色，使用时将束紧用的细绦带穿过网眼。

❀ 花环装饰 作品→p.30

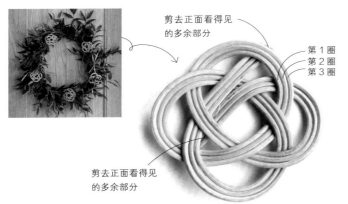

剪去正面看得见
的多余部分

第 1 圈
第 2 圈
第 3 圈

剪去正面看得见
的多余部分

材料：直径 2.0mm 的藤芯（3 条编，第
1 圈 140cm，第 2 圈起每增加 1 圈多
3cm）

成品外径尺寸：约 6cm

编制 3 圈油菜花结。编制好后用红茶染
色，装饰在植物花环上。

❀ 礼物盒 作品→p.32

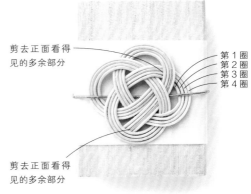

剪去正面看得
见的多余部分

第 1 圈
第 2 圈
第 3 圈
第 4 圈

剪去正面看得
见的多余部分

材料：直径 1.25mm 的藤芯（4 条编，
第 1 圈 40cm，第 2 圈起每增加 1 圈多
3cm），以及盒子、纸、绳子

成品外径尺寸：约 4.5cm

编制 4 圈油菜花结。用绳子穿过网眼，
将纹样固定在包好纸的礼物盒上。

* 油菜花结的发绳和戒指做法见 p.77~79。

袈裟结

袈裟结的做法

以双钱结为基础进行编制。可以通过减少圆环的数量，
调整网眼大小。

▼ 藤条的中心

1

编制双钱结。

★　♥

2

把两端从圆环内抽出。

★　♥

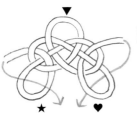

3

右侧藤条放置于圆
环下方，左侧藤条
放置于圆环上方。

★　♥

4

按箭头指示编制圆
环。

★　♥

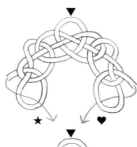

5

右侧藤条放置于圆
环下方，左侧藤条
放置于圆环上方。

★　♥

6

交叉藤条，右侧
藤条按箭头指示
编制。

末端的固定方法：尾段做一
个圆环，末端穿过网眼固定。

7

左侧藤条也按箭头
指示编制。

剪齐　　第 1 圈
　　　　第 2 圈

8

完成。

用多条编的方法编制多圈时，
把其中一侧的藤条末端剪短对
齐上一圈的末端后，再进行下
一圈的编制。

❀ **耳饰** 作品→p.7

将金属帽、连接环、小配饰、耳饰配件连在一起安装在耳饰上

实物尺寸
正面

末端预留1.5cm

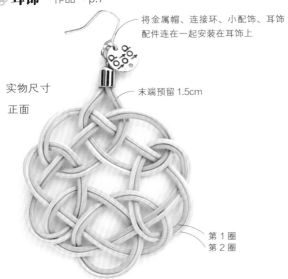

第1圈
第2圈

材料：直径1.25mm的藤芯（2条编，第1圈70cm，第2圈75cm），金属帽、连接环、小配饰、耳饰配件

成品外径尺寸：约4cm×6cm

编制2圈袈裟结。调整网眼，缩小中央的空隙。完成后用咖啡染色。藤条末端插入金属帽内，安上小配饰、连接环、耳饰配件。

❀ **耳饰** 作品→p.7

实物尺寸
正面

将金属帽、连接环、耳饰配件连在一起安装在耳饰上

末端穿过圆环

末端预留2cm

末端穿过圆环

第1圈
第2圈
第3圈

材料：直径1.25mm的藤芯（3条编，第1圈55cm，第2圈起每增加1圈多5cm），耳饰配件、连接环、金属帽

成品外径尺寸：约5cm×6cm

编制袈裟结的步骤1~4。完成后，用咖啡和媒染剂染色。末端预留2cm，插进金属帽内，安上连接环和耳饰配件。

第1圈

缠绕固定

预留8cm

❀ **香氛** 作品→p.29

材料：直径1.5mm的藤芯（单条编，140cm），直径1.25mm的藤芯少量（缠绕固定用）

成品外径尺寸：纹样主体直径约10cm

编制1圈松散的袈裟结，末端留长，用直径1.25mm的藤条缠绕固定。

吊花装饰 作品→p.31

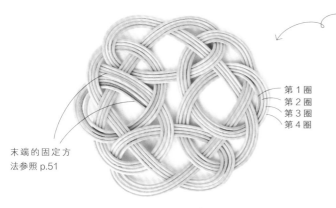

第 1 圈
第 2 圈
第 3 圈
第 4 圈

末端的固定方法参照 p.51

材料：直径 2.0mm 的藤芯（4 条编，第 1 圈 135cm，第 2 圈起每增加 1 圈多 5cm）

成品外径尺寸：约 11cm

编制 4 圈架裟结。完成后作为装饰捆绑在吊花上。

胸针 作品→p.18

实物尺寸
正面

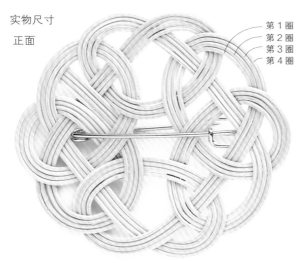

第 1 圈
第 2 圈
第 3 圈
第 4 圈

背面

安装胸针扣

末端的固定方法参照 p.51

末端的固定方法参照 p.51

材料：直径 1.25mm 的藤芯（4 条编，第 1 圈 90cm，第 2 圈起每增加 1 圈多 5cm），胸针扣

成品外径尺寸：约 7.5cm

编制 4 圈架裟结。调整网眼，将胸针扣穿过网眼，完成。

礼金袋 作品→p.33

材料：直径 1.25mm 的藤芯（2 条编，第 1 圈 80cm，第 2 圈 83cm），礼金袋、绳子、树叶

成品外径尺寸：约 5.5cm

编制 2 圈架裟结。调整网眼，用绳子穿过网眼，将纹样固定在礼金袋上，最后加上树叶装饰。

第 2 圈
第 1 圈

末端的固定方法参照 p.51

平梅结

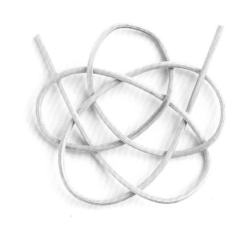

平梅结的做法

在双钱结的基础上进行编制，形似梅花。

▼ 藤条的中心

1

编制双钱结。

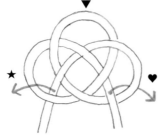

2

把两端从圆环内抽出。

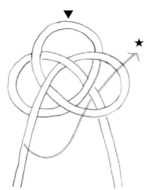

3

按箭头所示进行编制。

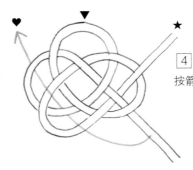

4

按箭头所示进行编制。

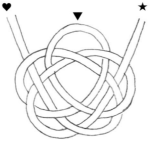

5

完成。

54

✿ 耳饰 作品→p.7

实物尺寸

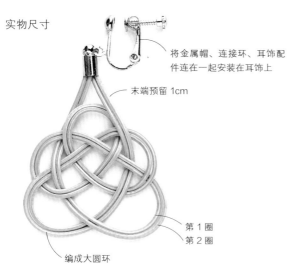

将金属帽、连接环、耳饰配件连在一起安装在耳饰上

末端预留 1cm

第 1 圈
第 2 圈

编成大圆环

材料：直径 1.25mm 的藤芯（2 条编，第 1 圈 50cm，第 2 圈 55cm），以及耳饰配件、连接环、金属帽

成品外径尺寸：约 3.5cm×4cm

编制 2 圈平梅结。调整底部左右两个圆环的形状，做成大圆环。完成后，给藤条末端插上金属帽，安上连接环、耳饰配件。

✿ 服饰带扣 作品→p.20

实物尺寸

把末端剪齐

第 1 圈
第 2 圈

材料：直径 2.0mm 的藤芯（2 条编，第 1 圈 65cm，第 2 圈 70cm）

成品外径尺寸：约 6.5cm

编制 2 圈平梅结。完成后用红茶染色。使用时将束紧用的细绳带穿过网眼。

✿ 礼金袋 作品→p.33

把末端剪齐

第 1 圈
第 2 圈

材料：直径 1.25mm 的藤芯（2 条编，第 1 圈 50cm，第 2 圈 53cm），以及礼金袋、绳子、纸、树叶

成品外径尺寸：约 4.5cm

编制 2 圈平梅结。绳子穿过网眼，将纹样固定在礼金袋上，最后加上树叶装饰。

树叶结

树叶结的做法

在双钱结的基础上进行编制，形似树叶。

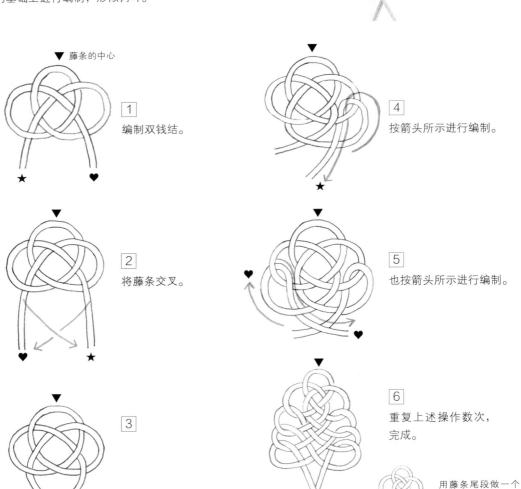

▼ 藤条的中心

1 编制双钱结。

2 将藤条交叉。

3

4 按箭头所示进行编制。

5 也按箭头所示进行编制。

6 重复上述操作数次，完成。

用藤条尾段做一个圆环，末端穿过网眼固定。

❀ 耳饰 作品→p.7

实物尺寸

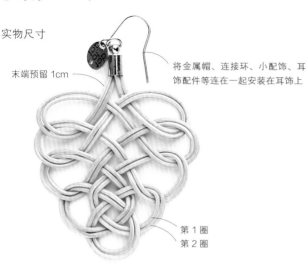

末端预留 1cm

将金属帽、连接环、小配饰、耳饰配件等连在一起安装在耳饰上

第 1 圈
第 2 圈

材料：直径 1.25mm 的藤芯（2 条编，第 1 圈 70cm，第 2 圈 75cm），耳饰配件、连接环、金属帽、小配饰

成品外径尺寸：约 4cm×4.5cm

编制 2 圈树叶结。完成后给藤条末端插上金属帽，安上连接环、小配饰、耳饰配件。

用细藤条缠绕固定

预留 9cm

❀ 发卡 作品→p.15

实物尺寸
正面

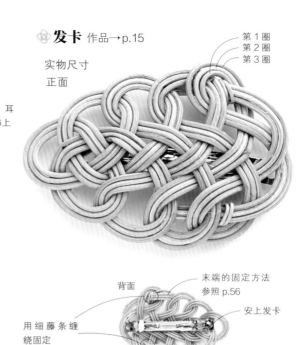

第 1 圈
第 2 圈
第 3 圈

背面

末端的固定方法
参照 p.56

用细藤条缠绕固定

安上发卡

末端的固定方法
参照 p.56

材料：直径 1.5mm 的藤芯（3 条编，第 1 圈 85cm，第 2 圈起每增加 1 圈多 5cm），直径 1.25mm 的藤芯少量（缠绕固定用），发卡

成品外径尺寸：约 7.5cm×5cm

编制 3 圈树叶结。安上发卡，完成。

❀ 香氛 作品→p.29

材料：直径 1.5mm 的藤芯 155cm（单条编），直径 1.25mm 的藤芯少量（缠绕固定用）

成品尺寸：约 6cm×18cm

编制 1 圈松散的树叶结（重复树叶结编制步骤 2~5，增加网眼数量）。末端留长，用细藤条缠绕固定。

笼目结

笼目结的做法

网眼形似竹笼的网目。

▼ 藤条的中心

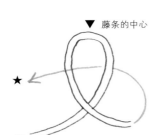

[1]

做一个圆环，末端按箭头所示穿过网眼。

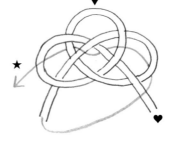

[3]

其中一侧如图穿过网眼。

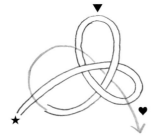

[2]

继续按箭头所示穿过网眼。

[4]

完成。

用单根藤芯编制多圈的情况下，第2圈起★侧的藤条沿内圈编制，♥侧的藤条沿外圈编制。

用较长的一端做一个圆环，进行固定。

第1圈
第2圈
剪齐

用多条编的方法编制多圈时，其中一侧的末端剪短对齐上一圈的末端后，再开始下一圈的编制。

❀ 戒指 作品→ p.10

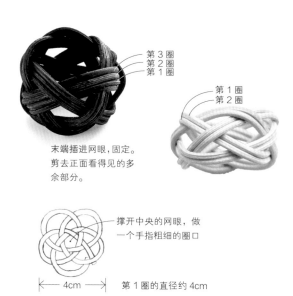

第 3 圈
第 2 圈
第 1 圈

第 1 圈
第 2 圈

末端插进网眼，固定。
剪去正面看得见的多
余部分。

撑开中央的网眼，做
一个手指粗细的圈口

←—— 4cm ——→   第 1 圈的直径约 4cm

材料：直径 1.5mm 的黑色藤芯 130cm（单条编），直径 1.25mm 的素色藤芯 90cm（单条编）

成品外径尺寸：约 2cm

黑色戒指参照 p.58，填充网眼的同时编制 3 圈小笼目结。由于是用 1 根藤条编制 3 圈，开始编制时，从一端开始约 65cm 处对准 p.58 图 1 中的 ▼ 即可。第 2 圈起把剩余藤条中较长的一端沿外圈编制。戒指的制作要点和圈口制作方法参照 p.78、79。完成后用咖啡和媒染剂染色。

素色戒指的编制工序也相同。由于是使用 1 根藤条编制 2 圈，开始编制时，从一端开始约 25cm 处对准 p.58 图 1 中的 ▼ 即可。

❀ 胸针 作品→ p.18

实物尺寸
正面

第 1 圈
第 2 圈
第 3 圈
第 4 圈
第 5 圈

材料：直径 1.5mm 的藤芯（5 条编，第 1 圈 55cm，第 2 圈起每增加 1 圈多 5cm），胸针扣

成品外径尺寸：约 6cm

编制 5 圈笼目结。安上胸针扣，完成。

背面

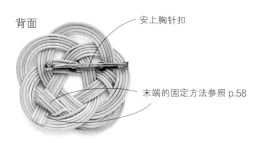

安上胸针扣

末端的固定方法参照 p.58

🌸 针插 作品→ p.28

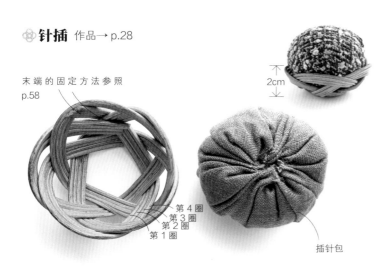

末端的固定方法参照
p.58

↑
2cm
↓

第 4 圈
第 3 圈
第 2 圈
第 1 圈

插针包

材料：直径 1.75mm 的藤芯（4 条编，第 1 圈 75cm，第 2 圈起每增加 1 圈多 5cm），以及棉布和棉花

成品外径尺寸：约 8.5cm（纹样）

编制 4 圈笼目结。编制的同时将平直的藤条微微弯曲，做成小碟子的样子（高度约 2cm）。完成后，用咖啡和媒染剂染色。

用棉布包好棉花，做成插针包放在编制好的纹样上。

🌸 花环装饰 作品→ p.30

实物尺寸

第 1 圈
第 2 圈
第 3 圈

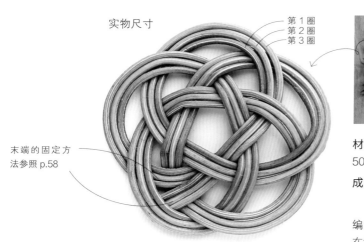

末端的固定方法参照 p.58

材料：直径 2.0mm 的藤芯（3 条编，第 1 圈 50cm，第 2 圈起每增加 1 圈多 5cm）

成品外径尺寸：约 6cm

编制 3 圈笼目结。完成后用咖啡染色，装饰在植物花环上。

🌸 礼物盒 作品→ p.32

末端的固定方法参照 p.58

第 1 圈
第 2 圈
第 3 圈

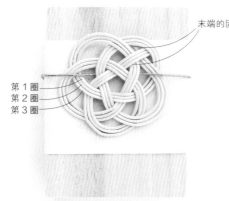

材料：直径 1.25mm 的藤芯（3 条编，第 1 圈 45cm，第 2 圈起每增加 1 圈多 3cm），以及喜欢的盒子、纸、绳子

成品外径尺寸：约 4.5cm

编制 3 圈笼目结。绳子穿过网眼，将纹样固定在包好纸的礼物盒上。

龟背结

龟背结的做法

以双钱结为基础进行编制，形似龟背。

▼ 藤条的中心

1 编制双钱结。

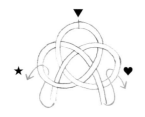

2 把两端从圆环内抽出。

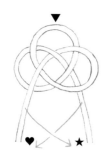

3 交叉左右两端的藤条。

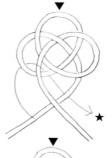

4 按箭头所示编制。

5 按箭头所示编制。

尾段做一个圆环，末端穿过网眼固定。

6 完成。

第1圈
第2圈

剪齐

用多条编的方法编制多圈时，把其中一侧的藤条末端剪短对齐上一圈的末端后，再进行下一圈的编制。

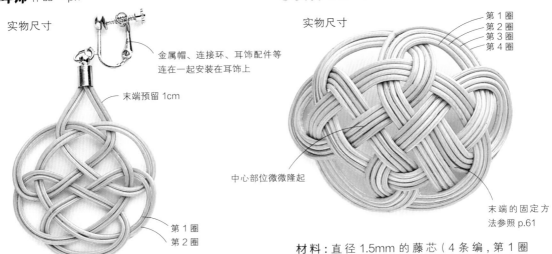

❀ 耳饰 作品→ p.7

实物尺寸

金属帽、连接环、耳饰配件等
连在一起安装在耳饰上

末端预留 1cm

第 1 圈
第 2 圈

材料：直径 1.25mm 的藤芯（2 条编，第 1
圈 50cm，第 2 圈 55cm），以及耳饰配件、
连接环、金属帽

成品外径尺寸：约 4cm×5cm

编制 2 圈龟背结。完成后，藤条末端插进金
属帽，安上连接环、耳饰配件。

❀ 发簪 作品→ p.15

实物尺寸

第 1 圈
第 2 圈
第 3 圈
第 4 圈

中心部位微微隆起

末端的固定方
法参照 p.61

材料：直径 1.5mm 的藤芯（4 条编，第 1 圈
65cm，第 2 圈起每增加 1 圈多 5cm），发簪棒

成品外径尺寸：约 6cm×5cm

编制 4 圈龟背结。编制的同时使中间部位微微
隆起。完成后，用红茶和媒染剂染色。发簪棒
穿过网眼进行固定，完成。

❀ 胸针 作品→ p.18

实物尺寸

正面

第 1 圈
第 2 圈
第 3 圈

材料：直径 2.0mm 的藤芯（3 条编，第 1 圈
80cm，第 2 圈起每增加 1 圈多 5cm），以及胸
针扣

成品外径尺寸：约 9cm×7cm

编制 3 圈龟背结。完成后，用红茶染色。安上
胸针扣，完成。

背面

末端的固定方
法参照 p.61

安装胸针扣

手镯（连续龟背结） 作品→p.13

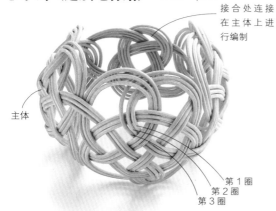

接合处连接在主体上进行编制

主体

第 1 圈
第 2 圈
第 3 圈

材料：主体部分／直径 1.75mm 的藤芯（3 条编，第 1 圈 185cm，第 2 圈起每增加 1 圈多 5cm）。接合处／直径 1.25mm 的藤芯 90cm（单条编）

成品尺寸：主体部分长约 185cm，接合处长约 63cm

首先编制主体部分。参照 p.61 和右图编制 3 圈连续龟背结（参照 p.72~74）。完成后编制接合处（参照 p.75、76）。

戒指 作品→p.10

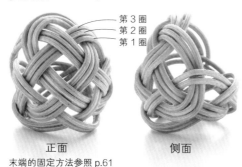

第 3 圈
第 2 圈
第 1 圈

正面   侧面

末端的固定方法参照 p.61

材料：直径 1.75mm 的藤芯 140cm（单条编）

成品外径尺寸：1.5~2.0cm

编制 3 圈小龟背结。由于是用 1 根藤条编制 3 圈，开始编制时，从一端开始约 70cm 处对准 p.45 图 1 中的▼即可。第 2 圈起把剩余藤条中较长的一端沿外侧编制。戒指形状和戒指圈口的做法参照 p.78、79。

将此网眼撑开，做成手指粗细的戒指圈口。

←4cm→

第 2 个龟背结的编法

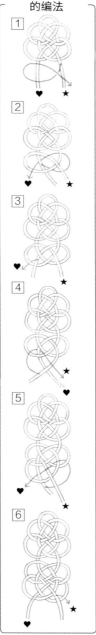

1
♥   ★

2
♥   ★

3
♥   ★

4
★

5
♥   ★

6
★
♥

连续龟背结手镯的主体

以单条编为例
实物尺寸

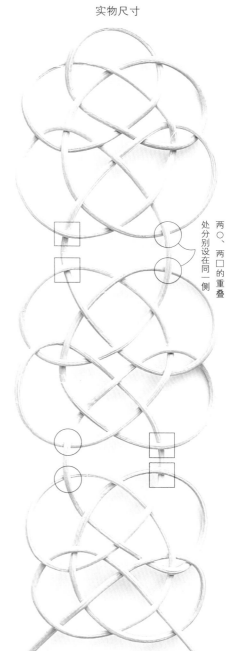

两〇、两口的重叠处分别设在同一侧

第 3 个龟背结参照 p.61 和上图的网眼进行编制。末端的固定方法参照 p.61。

预留 3cm，剪去多余部分

方形结

方形结的做法

这是一个斜向编制的方形。

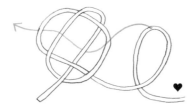

1

★端的藤条预留 15cm，从较长侧开始编制。编出 2 个圆环（此时要留意各重叠处上下重叠的情况），将右边的圆环按箭头所示穿进左边的圆环中。

2

在右侧再做一个圆环，按箭头所示编制。

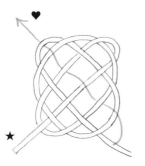

3

按箭头所示编制。

4

完成。

❋ **胸针** 作品→ p.18

实物尺寸
正面

第 1 圈
第 2 圈
第 3 圈
第 4 圈

背面

安上胸针扣

第 2、3 圈的藤条提前用咖啡和媒染剂染色

剪去末端多余的部分

材料：直径 1.5mm 的藤芯（4 条编，第一圈 65cm，第 2 圈起每增加 1 圈多 5cm），胸针扣

成品外径尺寸：约 5cm×6cm

开始编制之前将 4 条藤条中的其中 2 条（第 2 圈和第 3 圈）用咖啡和媒染剂染色。参照左图编制 4 圈方形结。在纹样背面安上胸针扣，完成。

❀ 项链（坠饰部分） 作品→ p.24

实物尺寸

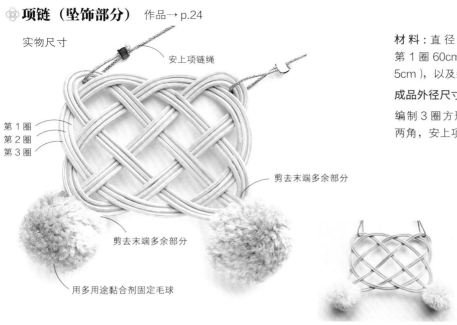

安上项链绳

第 1 圈
第 2 圈
第 3 圈

剪去末端多余部分

剪去末端多余部分

用多用途黏合剂固定毛球

材料：直径 1.25mm 的藤芯（3 条编，第 1 圈 60cm，第 2 圈起每增加 1 圈多 5cm），以及装饰用毛球 2 个、项链绳

成品外径尺寸：约 4cm×5cm

编制 3 圈方形结。完成后将毛球固定在两角，安上项链绳。

材 料：直 径 1.5mm 的藤芯（2 条编，第 1 圈 65cm， 第 2 圈 70cm），其他材料及成品尺寸与左图相同。

编制 2 圈方形结，安上毛球和项链绳。

❀ 碗垫 作品→ p.26

剪去末端多余部分

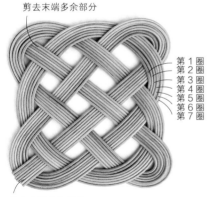

第 1 圈
第 2 圈
第 3 圈
第 4 圈
第 5 圈
第 6 圈
第 7 圈

剪去末端多余部分

材料：直径 3.0mm 的藤芯（7 条编，第 1 圈 155cm，第 2 圈起每增加 1 圈多 5cm）

成品外径尺寸：约 16cm×17cm

编制 7 圈方形结。放上重物压置一段时间，压平后方便使用。

❀ 杯垫 作品→ p.26

剪去末端多余部分

第 1 圈
第 2 圈
第 3 圈
第 4 圈
第 5 圈
第 6 圈
第 7 圈

剪去末端多余部分

材料：直径 2.0mm 的藤芯（7 条编，第 1 圈 100cm，第 2 圈起每增加 1 圈多 5cm）

成品外径尺寸：约 10cm×11cm

编制 7 圈方形结。放上重物压置一段时间，压平后方便使用。

❀ 礼金袋 作品→ p.33

第 1 圈
第 2 圈

剪去末端多余部分

材料：直径 1.5mm 的藤芯（2 条编，第 1 圈 60cm， 第 2 圈 63cm），以及礼金袋、绳子、树叶

成品外径尺寸：约 5cm×6cm

编制 2 圈方形结。绳子穿过网眼，将纹样固定在礼金袋上，最后加上树叶装饰。

发饰结

发饰结的做法

斜向编制成细长的椭圆形。

▼藤条的中心

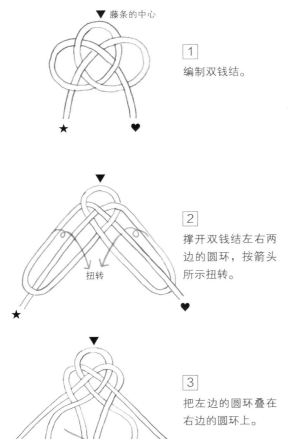

1 编制双钱结。

2 撑开双钱结左右两边的圆环，按箭头所示扭转。

扭转

3 把左边的圆环叠在右边的圆环上。

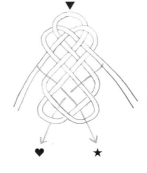

4 将两端的藤芯按箭头所示穿过网眼。

5 完成。

在末端团一个圆环，进行固定。

用多条编的方法编制多圈时，其中一侧的藤条末端剪短对齐上一圈的末端后，再进行下一圈的编制。

剪齐

第1圈 第2圈

✿ **手镯** 作品→ p.13

接合处连接在主体
上进行编制

第 1 圈
第 2 圈
第 3 圈

主体

材料：主体部分／直径 2.0mm 的藤芯（3 条编，第 1 圈
120cm，第 2 圈起每增加 1 圈多 5cm）。接合处／直径 1.25mm
的藤芯 100cm

成品外径尺寸：主体部分约 15cm×6cm，接合处约 6cm×3cm

首先参照 p.66 和右图，编制发饰结，主体部分制作的要点参
照 p.72~74。完成后用细藤编制油菜花结，充当接合处（接合
处的编法参照 p.75、76）。

发饰结（1 条编）

实物尺寸

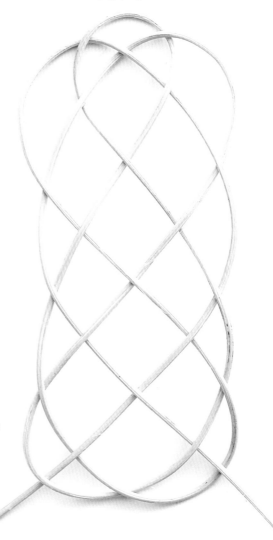

✿ **小挎包** 作品→ p.22

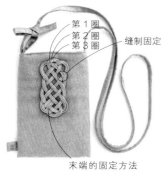

第 1 圈
第 2 圈
第 8 圈

缝制固定

末端的固定方法
参照 p.66

材料：直径 1.5mm 的藤芯（3 条编，
第 1 圈 80cm，第 2 圈起每增加 1
圈多 5cm），布制小挎包

成品外径尺寸：约 4cm×9.5cm

编制 3 圈发饰结，完成后用咖啡
染色。缝在布制小挎包上。

✿ **手提包** 作品→ p.22

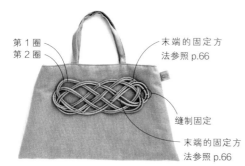

第 1 圈
第 2 圈

末端的固定方
法参照 p.66

缝制固定

末端的固定方
法参照 p.66

材料：直径 2.0mm 的藤芯 270cm（单条编），布制手提包

成品外径尺寸：约 6cm×15cm

编制一个发饰结。由于是用 1 根藤条编制 2 圈，开始编制时，从
一端开始约 65cm 处对准 p.45 图 1 中的 ▼ 即可。第 2 圈起把剩余
藤条中较长的一端沿外圈编制。

编制完成后用咖啡染色，缝制固定在布包上。

✿ 发饰结胸针 作品→ p.18

实物尺寸

正面

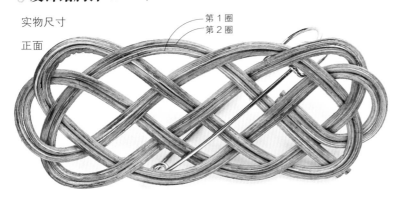

第 1 圈
第 2 圈

材料：直径 2.0mm 的藤芯（2 条编，第 1 圈 85cm，第 2 圈 90cm），胸针扣

成品外径尺寸：约 4cm×9.5cm

编制 2 圈发饰结，编制完成后用咖啡染色。在背面安上胸针扣，完成。

背面

末端的固定方法参照 p.66

安上胸针扣

✿ 插梳 作品→ p.15

实物尺寸

正面

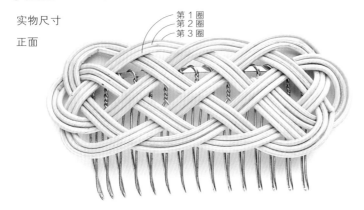

第 1 圈
第 2 圈
第 3 圈

材料：直径 1.5mm 的藤芯（3 条编，第 1 圈 70cm，第 2 圈起每增加 1 圈多 5cm），插梳

成品尺寸：约 3cm×8cm

编制 3 圈发饰结。在背面涂上黏合剂，固定插梳，也可缝制固定。

背面

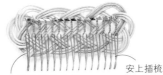

末端的固定方法参照 p.66

安上插梳

✿ 餐垫 作品→ p.25

第 1 圈
第 2 圈
第 3 圈
第 4 圈
第 5 圈
第 6 圈
第 7 圈
第 8 圈

末端的固定方法参照 p.66

材料：直径 3.0mm 的藤芯（8 条编，第 1 圈 200cm，第 2 圈起每增加 1 圈多 5cm）

成品尺寸：约 12cm×32cm

编制 8 圈发饰结。完成后用红茶染色。放上重物压置一段时间，压平后方便使用。

星星编

星星编的编法

由 6 根扁平藤皮交错编制成球形。接合处用细藤皮固定。撑大网眼也可以做成手镯。

1

将 5 条藤皮交错放置成星星形状。重叠处暂时用夹子固定,防止移动。留意藤皮重叠处上下层的关系。

2

再取 1 条藤皮,交替穿过星星形状的 5 条藤皮。

藤皮上下交错叠压,即使放手也不会散开。

3

缠绕固定

缠绕固定藤皮的末端。

4

将图 1 中每条藤皮的两端对接,做成球形。对接处用夹子暂时固定。

5

缠绕固定

把暂时固定的地方用细藤皮缠绕固定。

●缠绕方法

1

两端重叠 2cm 左右,用细藤皮缠绕几圈。

2

将细藤皮末端穿入内侧固定,用力拉紧,不留空隙。

3

剪去多余部分。

4

完成。

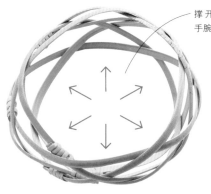

撑开网眼，留出
手腕粗细的圈口

材料：宽 5.0mm 藤皮 30cm（6 条），宽 2.0mm
的藤皮 6cm（6 条，缠绕固定用）

成品外径尺寸：约 8.5cm

编制星星编，撑开网眼。

❀ **花瓶装饰** 作品→ p.34

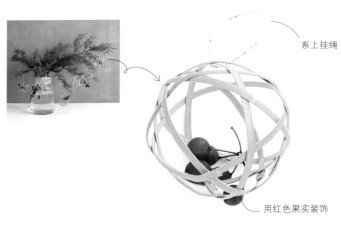

系上挂绳

材料：宽 3.0mm 的藤皮 22cm（6 条），金色钢丝
若干（缠绕固定用），装饰用红色果实

成品外径尺寸：约 6cm

编制星星编。藤条末端对接处用金色钢丝缠绕固
定，点缀上红色果实，多做几个，系上挂绳，挂
在树枝上作装饰。

用红色果实装饰

❀ **花瓶装饰** 作品→ p.34

撑开网眼，放入玻璃杯

材料：宽 5.0mm 藤皮 30cm（6 条），宽 2.0mm
的藤皮 6cm（6 条，缠绕固定用），以及小玻璃杯、
植物

成品外径尺寸：约 8.5cm

编制星星编。撑开网眼，放入小玻璃杯，插上植物。

杂货的缠绕装饰

方法非常简单，只需将藤条一圈圈缠绕在杂货上。

● **花瓶装饰**　作品→ p.35

● **厨具**　作品→ p.36

给玻璃瓶、汤勺、砧板等的手柄缠上藤皮。藤皮间紧密排列，不留间隙。

材料 : 5.0mm 宽的藤皮

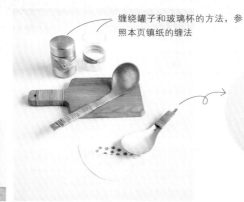

缠绕罐子和玻璃杯的方法，参照本页镇纸的缠法

缠好后将藤条末端插入内侧。涂上木工用黏合剂固定，更加牢固

● **镇纸**　作品→ p.37

有 3 种缠绕方法。这里以黑色石头为例来说明。

材料 : 2.0mm 或 3.0mm 宽的藤皮若干，黏合剂 (C)

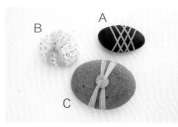

A

B

C

A

正面

将藤条上下交错穿行编织

背面

末端穿过网眼固定。

将藤皮沿 "x" 形缠绕。

B

正面　　　　背面

末端穿过网眼固定

1

取藤条其中一端在石头上弯成 "U" 形，用手指按住固定。

2

将藤条绕石头一圈，在中心处交叉一次。

3

再将藤条绕石头一圈，在中心处交叉。上下各缠绕 3 圈。

C

正面

与 B 相比，中心处多了 1 个藤皮缠绕点缀装饰。

1

在 B 的基础上进行编制。以交叉点为中心连续缠绕藤皮若干圈，中途不剪断藤条，最后剪去多余部分。末端涂上黏合剂。

2

3

藤条末端插入空隙中隐藏起来，同时进行固定。

立体饰品

连续双钱结手镯 作品→ p.13

手镯由主体和接合处两个部分构成。先编制连续双钱结做成的主体部分，再编制接合处。另外两个深色手镯也用同样的方法编制而成，但使用的藤芯条数不同，且染色方法不同，右图左下方的是用咖啡染色的，右边的是用咖啡和媒染剂染色的。

材料

* 素色手镯：主体 / 直径 1.75mm 的藤芯（4 条编，第 1 圈 160cm，第 2 圈起每增加 1 圈多 5cm）。接合处 / 直径 1.25mm 的藤芯 100cm（单条编）

* 用咖啡染色的手镯：直径 1.75mm 的藤芯（2 条编，第 1 圈 160cm，第 2 圈 165cm），接合处的材料和素色版相同

* 用咖啡和媒染剂染色的手镯：直径 3.0mm 的藤芯（3 条编，第 1 圈 160cm，第 2 圈起每增加 1 圈多 5cm），接合处的材料和素色版相同

成品尺寸：主体部分约 18cm×5cm，接合处约 6cm×3cm

接合处

主体

✿ 制作主体 编制连续双钱结

●编制第 1 个双钱结

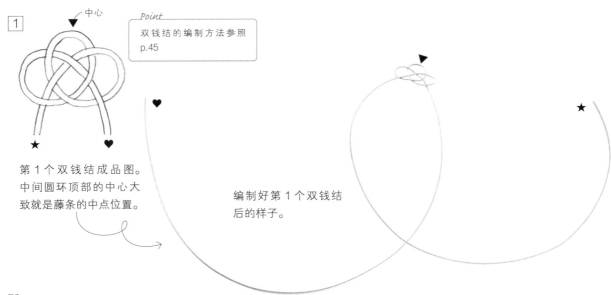

1

中心

Point
双钱结的编制方法参照 p.45

第 1 个双钱结成品图。中间圆环顶部的中心大致就是藤条的中点位置。

编制好第 1 个双钱结后的样子。

手镯主体部分（以单条编为例）

将这个实物尺寸的图片复印出来，比照图片一步一步编制，做起来会容易很多。

●编制第 2 个双钱结

2

首先，将其中一侧藤条按箭头所示编制。重叠处的上下层关系，参照右侧实物图。

3

将另一侧藤条按箭头所示编制。重叠处的上下层关系参照右侧实物图。

4

第 2 个双钱结编制完成。

5

重复步骤 2~4，编制好 5 个双钱结。完成后藤条其中一端预留 3cm，剪去多余部分。

同侧相邻重叠处上下
层关系相同

●编制第 2 圈

6

对齐藤条末端

将第 2 根藤条与之前剪短的一端对齐，沿外圈编制。

7

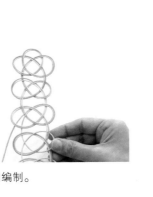

继续沿外圈编制。

约 3cm

73

Point
步骤 9、10 调整形状的方法适用于所有手镯

●编制第 3 圈，调整形状

8

第 2 圈
第 1 圈
第 3 圈

第 3 圈也一样，先将藤条与之前剪短的一端对齐，再沿着藤条外圈进行编制。

9

一边编制一边弯曲纹样，做成手镯形状。

10

换个方向弯曲纹样，调整形状。

●固定

11

第 4 圈的编制方法和第 3 圈相同。较长的一端，最内侧的藤条按照箭头所示穿过网眼。

12

按照由内到外的顺序，剩下 3 条藤条也按照步骤 11 一样编制。

13

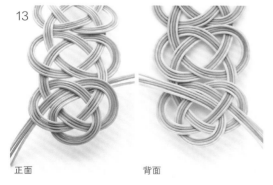

正面   背面

把正面和背面的藤条都理整齐。

14

剪齐

背面

将较长的末端按箭头所示穿过网眼进行固定，剪去正面看得见的多余部分。

✿ 制作接合处 　用 1 条长藤芯直接编制在主体上。

●确定尺寸

15

将主体部分环绕手腕，预估接合处的尺寸。

步骤 16 的整体图

> **Point**
> 接合处的编制方法适用于所有手镯

●编制第 1 圈

16

中心

开始编制前，将藤条穿过手镯主体部分其中一端的网眼，两端留相等长度。

17

♥端按箭头所示编制。

18

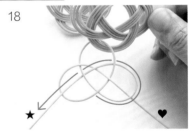

★端按箭头所示编制。

●编制第 2 圈

19

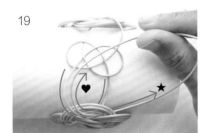

将藤条穿过手镯主体部分另一端的网眼，根据自己手腕粗细来调整油菜花结网眼的大小，直到松紧度合适。

20

第 2 圈

编制第 2 圈时，则沿着内圈编制。

21

第 3 圈

第 3 圈将★端沿着外圈编制。

●固定

22

背面

编好后，将两端穿过网眼，在里侧固定。

23

剪齐

背面

剪去正面看得见的多余部分。

24

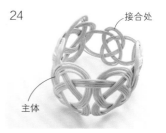

接合处

主体

手镯制作完成。

进一步加固

在实际使用过程中若手镯的网眼松散了的话，可以另外用藤条缠绕加固。

1

将藤条弯成"U"形，贴紧需要缠绕的藤条。

2

缠绕 3~5 圈。

3

末端穿过圆环，固定。

4

拉紧两端，打结。

5

剪去多余的部分，完成。

油菜花结发绳 作品→ p.15

编制油菜花结纹样，再安上 C 形环和橡皮圈即可。

材料：直径 1.5mm 的藤芯 100cm（单条编），橡皮圈、C 形环

成品外径尺寸：约 4cm

油菜花结发绳

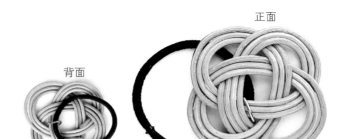

背面　正面

编制好纹样后用红茶或咖啡染色即可。

●编制第 1 圈油菜花结

1

中心

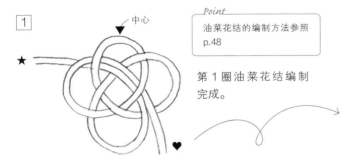

★

♥

Point
油菜花结的编制方法参照
p.48

第 1 圈油菜花结编制
完成。

▼

♥

★

开始编制时，从一端起约 45cm 处对准 p.48 图 1 中的▼即可。第 2 圈起把剩余藤条中较长的一端沿外圈编制。

●编制第 2、3 圈

2　★

第 1 圈

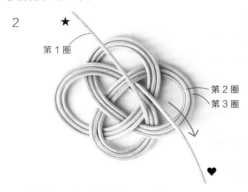

第 2 圈
第 3 圈

♥

将♥端藤条沿外圈编制第 2、3 圈。

●固定

3

剪齐

背面

剪去正面看得见的多余部分。

Point
步骤 4、5 的收尾方法适用于所有发绳

●收尾

4

将 C 形环从背面穿过网眼，安上橡皮圈发绳。

5

用尖嘴钳扣紧 C 形环。

油菜花结戒指　作品→ p.10

用 1 根藤条编制，编制的同时撑开纹样的中间部分，做成手指粗细的圈口。尺寸可以根据自己手指粗细来调整。深色戒指是用红茶染成的。

材料：直径 1.75mm 的藤芯 130cm（单条编）

成品外径尺寸：约 1.8cm

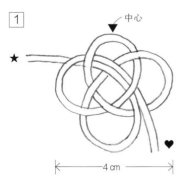

●编制第 1 圈油菜花结

1

中心

Point
油菜花结的编制方法参照 p.48

第 1 圈油菜花结编制完成，直径约 4cm。

← 4 cm →

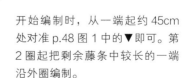

开始编制时，从一端起约 45cm 处对准 p.48 图 1 中的▼即可。第 2 圈起把剩余藤条中较长的一端沿外圈编制。

●做成戒指形状

Point

步骤 3、4 的做法适用于所有戒指

2

★

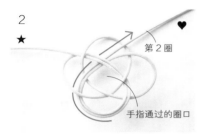

第 2 圈

手指通过的圈口

沿外圈编制第 2 圈。

3

编好第 2 圈后，用指尖调整形状，打造立体感，同时撑开中间的网眼，做成手指粗细的圈口。

4

通过拉紧、放松末端来调整形状，把戒指的形状做得更好看。因为编到后面圈口会变小，所以最好把圈口预留大一些。

●编制第 3、4 圈

5

第 3 圈

大致调整好形状后，将♥端的藤条沿外圈编制第 3 圈。

6

第 4 圈

继续沿外圈编制第 4 圈。因为藤条变干后编制起来比较困难，所以要时不时地将藤条泡水或使用喷雾进行加湿。

●固定

7

剪齐

剪去正面看得见的多余部分。

Tou de tsukuru accessory to komono

Copyright © 2020 Nami Horikawa.

All rights reserved.

First original Japanese edition published by Seibundo Shinkosha Publishing Co., Ltd.

Chinese (in simplified character only) translation rights arranged with Seibundo Shinkosha Publishing Co., Ltd.

through CREEK & RIVER Co., Ltd. and CREEK & RIVER SHANGHAI Co., Ltd.

版式设计：后藤美奈子	摄　　影：寺冈美幸	模　　特：前田绘马
化　　妆：上田千绘（8huit）	插画制作：堀川波	编　　辑：饭田充代
摄影合作：8huit	服装制作：今井奈绪（dot to dot）	花环制作：中口昌子（cabbege flower styling）

版权所有，翻印必究

备案号：豫著许可备字－2022－A－0066

图书在版编目（CIP）数据

藤编小饰物 /(日) 堀川波著；邓怡悦译. —郑州：河南科学技术出版社，2024.1

ISBN 978-7-5725-1291-9

I.①藤…　Ⅱ.①堀…②邓…　Ⅲ.①藤编　Ⅳ.①TS959.2

中国国家版本馆CIP数据核字（2023）第180135号

出版发行：河南科学技术出版社

　　　　　地址：郑州市郑东新区祥盛街27号　　邮编：450016

　　　　　电话：（0371）65737028

　　　　　网址：www.hnstp.cn

策划编辑：董　涛

责任编辑：董　涛

责任校对：崔春娟

封面设计：王留辉

责任印制：张艳芳

印　　刷：河南华彩实业有限公司

经　　销：全国新华书店

开　　本：889 mm×1194 mm　1/20　　印张：4　字数：180千字

版　　次：2024年1月第1版　　　　　2024年1月第1次印刷

定　　价：48.00元

如发现印、装质量问题，影响阅读，请与出版社联系并调换。